Festliche Übergabe des Präsidentenamtes vom
XXVI. Präsidenten Jörg Hacker an den XXVII. Präsidenten Gerald Haug

NOVA ACTA LEOPOLDINA

Abhandlungen der Deutschen Akademie der Naturforscher Leopoldina

Herausgegeben von Diethard TAUTZ,
Director Ephemeridum der Akademie

NEUE FOLGE SUPPLEMENTUM NUMMER 39

Festliche Übergabe des Präsidentenamtes vom XXVI. Präsidenten Jörg Hacker an den XXVII. Präsidenten Gerald Haug

am 20. Februar 2020 im Festsaal der
Nationalen Akademie der Wissenschaften Leopoldina,
Jägerberg 1, in Halle (Saale)

Herausgegeben von

Diethard TAUTZ (Plön)

Director Ephemeridum der Leopoldina

Deutsche Akademie der Naturforscher Leopoldina –
Nationale Akademie der Wissenschaften, Halle (Saale) 2020
Wissenschaftliche Verlagsgesellschaft Stuttgart

Redaktion: Dr. Michael KAASCH und Dr. Joachim KAASCH

Abbildungen:
S. 6, 11, 15, 23, 28, 35 – Markus SCHOLZ (Halle/Saale) für die Leopoldina;
S. 7, 9, 10, 14, 20, 21, 22, 29, 36 – David AUSSERHOFER (Berlin) für die Leopoldina.

Frontispiz:
Leopoldina-Präsident Gerald HAUG schenkt seinem Amtsvorgänger Jörg HACKER einen für ihn zusammengestellten Bildband als besonderes Dankeschön der Akademie für dessen verdienstvolles Wirken als XXVI. Leopoldina-Präsident. (Foto: David AUSSERHOFER für die Leopoldina)

Einbandbild:
Der XXVI. Leopoldina-Präsident Jörg HACKER überreichte die Amtskette an seinen Nachfolger, den XXVII. Präsidenten der Akademie Gerald HAUG. Von *links* nach *rechts*: der Ministerpräsident des Landes Sachsen-Anhalt Reiner HASELOFF, Altpräsident Jörg HACKER, der XXVII. Leopoldina-Präsident Gerald HAUG, die Bundesministerin für Bildung und Forschung Anja KARLICZEK und der Staatsminister bei der Bundeskanzlerin Hendrik HOPPENSTEDT. (Foto: Markus SCHOLZ für die Leopoldina)

Die Schriftenreihe Nova Acta Leopoldina erscheint bei der Wissenschaftlichen Verlagsgesellschaft Stuttgart, Birkenwaldstraße 44, 70191 Stuttgart, Bundesrepublik Deutschland.

Die Schriftenreihe wird gefördert durch das Bundesministerium für Bildung und Forschung sowie das Ministerium für Wirtschaft, Wissenschaft und Digitalisierung des Landes Sachsen-Anhalt.

Bibliografische Information der Deutschen Nationalbibliothek
Die Deutsche Nationalbibliothek verzeichnet diese Publikation in der Deutschen Nationalbibliografie; detaillierte bibliografische Daten sind im Internet über https://portal.dnb.de abrufbar.

Die Abkürzung ML hinter dem Namen der Autoren steht für Mitglied der Deutschen Akademie der Naturforscher Leopoldina – Nationale Akademie der Wissenschaften.

Postadresse: Jägerberg 1, 06108 Halle (Saale), Postfachadresse: 110543, 06019 Halle (Saale)
Hausadresse der Redaktion: Emil-Abderhalden-Straße 37, 06108 Halle (Saale)
Tel.: +49 345 47239134, Fax: +49 345 47239139
Herausgeber: Prof. Dr. Diethard TAUTZ, *Director Ephemeridum* der Deutschen Akademie der Naturforscher Leopoldina – Nationale Akademie der Wissenschaften
Printed in Germany 2020
Gesamtherstellung: Druck-Zuck GmbH Halle (Saale)
ISBN: 978-3-8047-4179-9
ISSN: 0369-4771
Gedruckt auf chlorfrei gebleichtem Papier.

Inhalt

Vor dem Beginn der Festlichen Übergabe des Präsidentenamtes vom XXVI. Präsidenten Jörg HACKER an den XXVII. Präsidenten Gerald HAUG am 20. Februar 2020 Blick in den Festsaal der Akademie auf dem Jägerberg 1 in Halle (Saale).

Begrüßung

Ulla Bonas ML (Halle/Saale)

Vizepräsidentin der Akademie

Sehr geehrter Herr Staatsminister,
sehr geehrter Herr Ministerpräsident,
sehr geehrte Frau Bundesministerin,
sehr geehrte Frau Landesministerin,
sehr geehrte Herren Landesminister,
sehr geehrter Herr Oberbürgermeister,
sehr geehrte Mitglieder des Bundestags,
des Landtags von Sachsen-Anhalt und des Stadtrats von Halle,
sehr geehrte Vertreterinnen und Vertreter des Bundes, der Länder und der Kommunen,
sehr geehrte Vertreterinnen und Vertreter aus Wirtschaft, Kultur und Zivilgesellschaft,
sehr geehrte Vertreter der Religionsgemeinschaften,
sehr geehrte Präsidentinnen und Präsidenten, Repräsentantinnen und Repräsentanten von deutschen und internationalen Akademien, Wissenschaftseinrichtungen und Stiftungen,
sehr geehrter Herr Präsident, lieber Jörg Hacker,
sehr geehrter Herr designierter Präsident, lieber Gerald Haug,
sehr geehrte Mitglieder des Präsidiums der Leopoldina,
sehr geehrte Senatorinnen und Senatoren der Leopoldina,
sehr geehrte Mitglieder der Leopoldina und des Freundeskreises der Leopoldina,
sehr geehrte Mitarbeiterinnen und Mitarbeiter,
sehr geehrte Gäste,
meine Damen und Herren!

Ich freue mich sehr, dass Sie so zahlreich an der heutigen Feier zur Übergabe des Amtes vom XXVI. Präsidenten der Leopoldina Jörg Hacker an den XXVII. Präsidenten Gerald Haug teilnehmen, und ich begrüße Sie herzlich im Namen unserer Akademie!

Die furchtbare Tat, die heute Nacht in Hanau verübt worden ist, macht uns tief betroffen. Hier in Halle haben wir uns unmittelbar an die feigen Morde und den hinterhältigen Anschlag auf die Jüdische Synagoge und die türkische Gaststätte im Oktober des vergangenen Jahres erinnert. Unsere Gedanken sind bei den Angehörigen der unschuldigen Opfer, denen wir unser herzliches Beileid ausdrücken, und bei den Verletzten, denen wir gute Genesung wünschen. Als Zeichen unseres Gedenkens bitte ich Sie, sich von Ihren Sitzen zu erheben.

[Schweigeminute]

Vielen Dank.

Wir haben großes Verständnis dafür, dass Frau Bundeskanzlerin MERKEL auf Grund der Ereignisse in dieser Nacht ihren Besuch in der Leopoldina abgesagt hat. Wir freuen uns, dass Herr Staatsminister HOPPENSTEDT die Frau Bundeskanzlerin vertritt. Haben Sie herzlichen Dank, sehr geehrter Herr HOPPENSTEDT.

Es ist mir eine besonders große Freude, dass der Ministerpräsident des Landes Sachsen-Anhalt Reiner HASELOFF seine Teilnahme ermöglicht hat und das Wort an uns richten wird.

Sehr geehrter Herr Staatsminister HOPPENSTEDT, sehr geehrter Herr Ministerpräsident,

ich möchte Ihnen herzlich für die langjährige Förderung der Leopoldina durch den Bund und das Land Sachsen-Anhalt danken. Sowohl Ihre finanzielle als auch ideelle Unterstützung ermöglichen es der Leopoldina, dem besonderen Status als Nationale Akademie der Wissenschaften in voller Unabhängigkeit auf nationaler und internationaler Ebene gerecht zu werden.

In meinen Dank beziehe ich auch alle Persönlichkeiten und Einrichtungen ein, die ich leider nicht einzeln nennen kann, aber ohne deren vertrauensvolle Zusammenarbeit die Leopoldina in ihrer heutigen Gestalt nicht vorstellbar wäre. Stellvertretend nenne ich die deutschen und internationalen Wissenschaftsakademien sowie die Mitgliedseinrichtungen der Allianz der deutschen Wissenschaftsorganisationen, deren Vertreterinnen und Vertreter ich hier im Festsaal herzlich willkommen heiße.

Meine Damen und Herren,

ein Wechsel im Amt des Präsidenten ist in der Leopoldina ein vergleichsweise seltenes Ereignis. Unsere Akademie wurde 1652 gegründet und ist damit die älteste ununterbrochen existierende Gelehrtengesellschaft der Welt. Heute begeht sie die Feier zur Übergabe der Präsidentschaft an ihren 27. Inhaber. Damit findet ein Prozess seinen festlichen Abschluss, an dessen Anfang eine vom Präsidium der Leopoldina eingesetzte Findungskommission stand. Diese Kommission legte dem Senat der Akademie ihren Vorschlag für die Nachfolge Jörg HACKERS vor, und der Senat hat am 11. Dezember letzten Jahres einstimmig Gerald HAUG zum neuen Präsidenten der Leopoldina gewählt. Hierfür danke ich den Mitgliedern der Findungskommission sowie den Senatorinnen und Senatoren.

Der Präsident der Leopoldina kann die Akademie aus einer langfristigen Perspektive gestalten. Doch er wird auch mit vielen Entwicklungen konfrontiert, die zu Beginn seiner Amtszeit kaum absehbar sind. Davon wird gleich sicherlich ausführlicher die Rede sein, wenn wir den Blick zurück auf zehn Jahre Präsidentschaft Jörg HACKERS richten, und wir werden natürlich einen neugierigen Blick nach vorne werfen. Wir werden verdiente Worte des Dankes und gute Wünsche für die Zukunft hören. Deshalb möchte ich mich am Ende meiner kurzen Begrüßung direkt an den amtierenden und den zukünftigen Leopoldina-Präsidenten wenden.

Sehr geehrter Herr Präsident,

im Namen der gesamten Akademie, ihrer Mitglieder und Mitarbeiter möchte ich Ihnen unseren tief empfundenen Dank ausdrücken: für Ihr weitsichtiges und unermüdliches Wirken im Dienste der Nationalen Akademie der Wissenschaften Leopoldina. Die letzten 10 Jahre waren geprägt vom Geist des konstruktiven Dialogs und des gemeinsamen Engagements für das Wohl der Akademie, der Wissenschaft und der Allgemeinheit. Das hat mich, lieber Jörg, wenn Du mir diese Bemerkung erlaubst, auch persönlich bereichert.

Sehr geehrter Herr designierter Präsident,

Ihnen wünsche ich – im Namen der gesamten Akademie – für die vielfältigen neuen Vorhaben, die Sie in den kommenden Monaten und Jahren angehen werden, einen klaren Blick, innovative Ideen und eine glückliche Hand! Ich freue mich darauf, lieber Gerald, Dich mit Rat und Tat zu unterstützen.

Sehr geehrter Herr Ministerpräsident,

bevor ich Sie zu Ihrem Grußwort auf die Bühne bitte, wünsche ich uns allen ein anregendes *Résumé* von Rückblicken und Ausblicken bei dieser Amtsübergabe.
Vielen Dank für Ihre Aufmerksamkeit!

Sehr geehrter Herr Ministerpräsident,
wir freuen uns auf Ihr Grußwort!

Die Festliche Übergabe des Präsidentenamtes der Leopoldina stieß auf ein breites Medieninteresse. Mehrere Kamerateams verfolgten die Veranstaltung.

Vor dem Eingang in das Hauptgebäude der Leopoldina von *links* nach *rechts*: der Ministerpräsident des Landes Sachsen-Anhalt Reiner Haseloff, der XXVI. Leopoldina-Präsident Jörg Hacker, die Bundesministerin für Bildung und Forschung Anja Karliczek und der designierte XXVII. Präsident der Akademie Gerald Haug.

Grußwort

Reiner HASELOFF (Magdeburg)

Ministerpräsident des Landes Sachsen-Anhalt

Sehr geehrter Herr Staatsminister HOPPENSTEDT,
sehr verehrte Frau Vizepräsidentin Prof. BONAS,
sehr geehrte Festgesellschaft,

es ist mir eine große Freude, zu diesem schönen Anlass hier zu sein.

Sehr geehrter Herr Professor HAUG,

vor zwei Monaten wurden Sie zum Präsidenten der Leopoldina gewählt. Heute ist die offizielle Amtseinführung. Dazu beglückwünsche ich Sie. Ich wünsche Ihnen persönlich und im Namen der Landesregierung viel Erfolg bei Ihrer verantwortungsvollen und spannenden Aufgabe. Für Ihr Tun wünsche ich Ihnen eine glückliche Hand und trotz aller Belastung auch viel Freude an Ihrer Arbeit. Auf eine konstruktive Zusammenarbeit freue ich mich. Auch unter Ihrer Ägide wird die Leopoldina das offizielle Sprachrohr und die deutsche Stimme der Wissenschaft auf internationaler Ebene sein. Mit Ihnen steht ein außerordentlich engagierter, hoch motivierter und international sehr renommierter Gelehrter an der Spitze der Leopoldina. Als Professor für Klimageochemie beschäftigen Sie sich seit vielen Jahren mit der Dynamik des Weltklimas und räumen der Suche nach Lösungen einen größtmöglichen politischen Rang ein. Auch vor diesem Hintergrund haben Sie jüngst erklärt, sich „dafür einzusetzen, dass die Stimme der Wissenschaft noch deutlicher in Politik und Gesellschaft gehört wird". Als einer der beiden Sprecher der Leopoldina-Arbeitsgruppe „Klimaziele 2030" haben Sie sich klar positioniert, von einer „Tragödie der Langzeitziele" gesprochen und unter anderem einen „unmittelbaren Transformationsschub" gefordert. Das waren eindeutige Aussagen. Ich habe Ihre Stellungnahme als ein Mahnschreiben an die Klimapolitik verstanden. Auch das macht den Wert wissenschaftsbasierter Politikberatung aus.

Ich möchte an dieser Stelle auch Ihrem Vorgänger herzlich danken.

Sehr geehrter Herr Prof. Hacker,

Tempus fugit. Sie haben die Leopoldina ein Jahrzehnt lang sehr stark geprägt. Wichtige Weichenstellungen und Entscheidungen wurden getroffen. Viele Ihrer Stellungnahmen haben die öffentliche Diskussion und auch die Gesetzgebung stark beeinflusst. Ich möchte in diesem Kontext nur an das Gesetz zur Präimplantationsdiagnostik erinnern. 2014 wurden Sie als einziger deutscher Wissenschaftler in den Wissenschaftlichen Beirat des damaligen Generalsekretärs der Vereinten Nationen berufen. Die Berufung war nicht nur eine Anerkennung und Würdigung Ihrer wissenschaftlichen Leistungen und Arbeit. Sie zeigte auch die internationale Bedeutung und Wertschätzung der Leopoldina auf. Für Ihr jahrzehntelanges wissenschaftliches und gesellschaftliches Engagement danke ich Ihnen herzlich. Nun liegt ein neuer Lebensabschnitt vor Ihnen. Für die Zukunft wünsche ich Ihnen Muße und ungebrochene Schaffenskraft. Unter anderem steht die Vollendung eines Buchprojekts über Infektionskrankheiten an. Sie wollen am *Institut Pasteur* in Paris forschen, aber auch mehr Zeit mit den Enkeln verbringen. Sie haben sich also viel vorgenommen. Auch für den Ruhestand gilt das Motto der Leopoldina: „Niemals müßig." Deshalb setze nicht nur ich weiterhin auf Ihren Rat. Auf Ihren Sachverstand und ihre wissenschaftliche Expertise können und wollen wir nicht verzichten.

Meine Damen und Herren!

Für Sachsen-Anhalt ist die Leopoldina ein großer Glücksfall. Ihre Ernennung zur Nationalen Akademie der Wissenschaften im Jahr 2008 hat den Wissenschaftsstandort Sachsen-Anhalt nachhaltig gestärkt und ihm mehr Gewicht gegeben. Aufgrund des hohen wissenschaftlichen Ansehens der Leopoldina ergeben sich seitdem große Möglichkeiten internationaler Wirksamkeit. Unser Land profitiert in besonderem Maße von der internationalen wissenschaftlichen Wertschätzung der Leopoldina. Dafür sind wir sehr dankbar. Schon sehr früh hat die Leopoldina ausländische Gelehrte zu ihren Mitgliedern gewählt und so ihren internationalen Charakter betont. Auch zu DDR-Zeiten war das gegen manche Widerstände nicht anders. Das Selbstverständnis der Leopoldina fasste Kurt Mothes 1958 prägnant zusammen: „Unsere alte Akademie ist seit ihrer Gründung nicht an Staatsgrenzen gebunden, sie ist nicht eine Akademie deutscher Naturforscher, sondern eine Deutsche Akademie der Naturforscher."

Das war manchen ein Dorn im Auge. Misstrauisch beäugt wurde die Leopoldina von Funktionären der SED. Für den stellvertretenden Vorsitzenden des Ministerrates der DDR, Herbert Weiz, war die Leopoldina eine „über den Gesellschaftsformationen stehende Gesellschaft". Deshalb müsse die „Zusammensetzung der Mitglieder zugunsten der sozialistischen Staaten verändert werden", schrieb er 1969. Aber das gelang zu keiner Zeit. Die Leopoldina blieb eine unabhängige Gelehrtengesellschaft. Sie hat sich nicht zum Diener einer staatlich verordneten Ideologie gemacht. Das zeichnet unabhängige Wissenschaft aus.

Lange vor ihrer offiziellen Ernennung war die Leopoldina eine gesamtdeutsche Akademie: ein exklusives und interdisziplinäres Forum des Gesprächs zwischen Ost und West. Das ist keine Übertreibung. Allein ein Blick auf den Mitgliederbestand, die Zusammensetzung des Senates und des Präsidiums und die Beteiligung der Mitglieder aus der Bundesrepublik an den Aktivitäten der Akademie, speziell an den Jahresversammlungen, unterstreicht diese Feststellung nachdrücklich. 1952 schrieb der damalige Präsident der Leopoldina, der Geograph Otto Schlüter, anlässlich der 300-Jahrfeier: „Es ist das Besondere unserer Akademie, dass sie nicht einer Stadt, einer Landschaft, sondern Deutschland in seiner

Gesamtheit gehört." Daran änderte sich bis zur Wiedervereinigung nichts. Vor allem die Leopoldina-Präsidenten Kurt MOTHES und Heinz BETHGE verkörperten den beschwingenden Geist der Wissenschaftsfreiheit unter den Bedingungen der Teilung in Deutschland auf beispielhafte Weise.

Auch auf anderen Feldern war die Leopoldina ihrer Zeit weit voraus. Bereits im 19. Jahrhundert sprachen sich ihre Mitglieder für das Prinzip einer „steten, wissenschaftsbasierten Politikberatung durch eine ganz Deutschland vertretende Zentralakademie" aus. Auch heute gilt: Wissen muss in die Politik. Entscheidungen müssen vom Sachverstand gestützt sein. Die Leopoldina hat in der Vergangenheit zahlreiche Empfehlungen sowohl an die deutsche Politik als auch die Öffentlichkeit, die zweite Zielgruppe wissenschaftsbasierter Beratung, abgegeben.

Nachhaltigkeit ist eines der wichtigen Zukunftsthemen und zu einem zentralen Leitbild in Politik, Wirtschaft und Wissenschaft avanciert. Wir müssen neu definieren, was unter den veränderten Bedingungen möglich ist. Politik und Wissenschaft leben vom Gespräch. Sie stehen in einer gemeinsamen Verantwortung. Eine Richtung vorzugeben ist heute wichtiger denn je. Wir haben es einerseits mit einer ständig fortschreitenden Spezialisierung in der wissenschaftlichen und universitären Welt und andererseits mit einer Steigerung unüberschaubarer Komplexität in der globalisierten Welt zu tun. Die unaufhaltsame Verwissenschaftlichung der Welt und unseres Lebens stellt die Politik vor große Herausforderungen. Umso wichtiger ist ein kluger, unabhängiger und nicht an Legislaturperioden gebundener Rat. Das entlässt den Politiker nicht aus seiner Verantwortung. Am Ende trifft er die Entscheidung. Wissenschaftlicher Rat ist kein Ersatz für Politik. Aber guter Rat kann sehr hilfreich sein bei der Abwägung der zu berücksichtigenden Aspekte und widerstreitenden Meinungen und Interessen.

Dabei geht es nicht ausschließlich nur um uns. Wir müssen auch das Wohl künftiger Generationen berücksichtigen. Es gibt auch eine Zukunftsethik. Folgen für zukünftige Generationen sind in unsere Überlegungen und Handlungen einzubeziehen. Wir haben nach den langfristigen Auswirkungen unserer Entscheidungen für Mensch, Gesellschaft und Natur zu fragen. Oder, um den deutsch-amerikanischen Philosophen Hans JONAS zu zitieren: „Handle so, dass die Auswirkungen deiner Handlung verträglich sind mit der Permanenz echten menschlichen Lebens auf Erden." Darf der Mensch alles tun, was er kann? Was heißt Verantwortung in einer Welt, in der alles möglich ist? Hans JONAS gab vor gut 40 Jahren in seinem Werk *Das Prinzip Verantwortung*, seinem *Opus magnum*, Antworten auf diese und andere Fragen. Heute stellen sie sich erneut, und zwar aus meiner Sicht eindringlicher und schärfer als je zuvor. Allein aus diesem Grund lohnt es sich, Hans JONAS wieder zu lesen und seinen kategorischen Imperativ ernst zu nehmen.

Meine Damen und Herren!

Wichtige Impulse in diese Richtung werden auch künftig von der Leopoldina ausgehen. Als Nationalakademie nimmt sie eine wichtige Brückenfunktion zwischen Wissenschaft und Gesellschaft wahr. Wissenschaft darf sich nicht selbst genug und lebensfremd sein. Sie muss den Dialog mit der Öffentlichkeit suchen. Die Probleme sind komplex und oft nur schwer zu lösen. Aber wenn wir gemeinsam die Herausforderungen erkennen, annehmen und entsprechend handeln, dann sind wir auf einem guten Weg.

In der ersten Reihe des Auditoriums von *links* nach *rechts*: Staatsminister Hendrik HOPPENSTEDT, der designierte XXVII. Präsident der Leopoldina Gerald HAUG, der Ministerpräsident des Landes Sachsen-Anhalt Reiner HASELOFF, die Bundesministerin für Bildung und Forschung Anja KARLICZEK und die Gattin des XXVI. Leopoldina-Präsidenten Margit HACKER.

Rede des scheidenden Präsidenten

Jörg HACKER ML (Halle/Saale)

Präsident der Akademie

Sehr geehrter Herr Staatsminister,
sehr geehrter Herr Ministerpräsident,
sehr verehrte Frau Bundesministerin,
sehr geehrte Vertreterinnen und Vertreter aus Wissenschaft,
Politik, Religion, Wirtschaft, Kultur und Zivilgesellschaft,
lieber Herr HAUG,
sehr geehrte Mitglieder der Leopoldina,
liebe Familienangehörige und Freunde,
meine Damen und Herren!

1. Einleitung

Es freut mich sehr, dass Sie sich heute so zahlreich auf dem Jägerberg eingefunden haben. Angesichts der Vielfalt an Begegnungen, Veranstaltungen, Projekten und Veröffentlichungen der vergangenen Dekade fällt es mir schwer, in wenigen Minuten ein *Résumé* meiner Amtszeit zu ziehen, das dem Engagement von Ihnen allen auch nur einigermaßen gerecht würde.

2. Versuch eines Résumés

Drei wesentliche Aufgaben prägten die Arbeit der Leopoldina in den letzten Jahren: *erstens* die wissenschaftsbasierte Beratung von Politik und Öffentlichkeit, *zweitens* die Vertretung Deutschlands im internationalen Akademiendialog, *drittens* die interdisziplinäre Förderung der durch Neugier getriebenen Forschung und ihrer innovativen Anwendung. Aus meiner Sicht wachsen diese drei Aufgaben immer enger zusammen.

2.1 Für eine freie und gemeinwohlorientierte Wissenschaft

Wenn Wissenschaftlerinnen und Wissenschaftler Stellungnahmen zu aktuellen gesellschaftlichen Herausforderungen erarbeiten, dann werden sie häufig mit einem „honest broker“, also einem ehrlichen Makler, verglichen. Das ist ein hoher Anspruch, dem die Akademien in ihrer Beratungstätigkeit folgen. Doch wir würden zu kurz greifen, wenn wir die wissenschaftsbasierte Beratung als Suche nach der größten Schnittmenge der Einzelinteressen aller Beteiligten verstünden. Wir müssen selbstbewusst beanspruchen, das Gemeinwohl im Blick zu haben.

Damit knüpfen wir an die wichtigste Tradition unserer Akademie an, nämlich durch die Förderung der freien Wissenschaft – wie es bis heute in unserer Satzung heißt – „zum Wohle des Menschen und der Natur" zu wirken. Dass dies bereits 1687 durch Kaiser Leopold I. öffentlich anerkannt worden ist, indem er der Akademie die vollständige Zensurfreiheit für ihre Veröffentlichungen garantierte, ist für uns ein historischer Glücksfall. Dass wir uns heute gemeinsam mit anderen Akademien weltweit für die Wissenschaftsfreiheit einsetzen, ist unsere historische Verpflichtung.

Dabei haben wir internationale Entwicklungen auch hier in Europa im Blick, welche die Freiheit von Forschung und Lehre zunehmend beeinträchtigen. Ich habe meine ersten Schritte in der Wissenschaft in der DDR gemacht, so dass mich Gefährdungen der Wissenschaftsfreiheit besonders beunruhigen. Umso mehr hat es mich gefreut, dass wir im vergangenen Jahr anlässlich des 70. Geburtstages des Grundgesetzes gemeinsam mit der Allianz der deutschen Wissenschaftsorganisationen und unserem Schirmherrn Herrn Bundespräsidenten Steinmeier die Bedeutung des Schutzes der Wissenschaftsfreiheit in unserer Verfassung umfassend gewürdigt haben – und zwar unter einem Motto, das unser Verständnis von unabhängiger Wissenschaft auf den Punkt bringt: „Freiheit ist unser System."

Selbstverständlich müssen wir, wenn wir die Wissenschaftsfreiheit verteidigen, auch die Verantwortung dafür übernehmen, dass die von uns gelebte Freiheit der Forschung und Lehre das Gemeinwohl wirklich fördert, in vielen Fällen langfristig und auf verschlungenen Wegen. Doch was heißt eigentlich „Gemeinwohl"? Seit den 1980er Jahren und ganz besonders im letzten Jahrzehnt hat dieser Begriff einen neuen Akzent erhalten, und zwar dank der Diskussion um Nachhaltigkeit im Sinne der globalen Gerechtigkeit über die Generationsgrenzen, also über lange Zeiträume hinweg. Für diese weltweite Debatte waren und sind die Vereinten Nationen das zentrale Forum, in das ich mich während und nach meiner Mitgliedschaft im Wissenschaftlichen Beratungsgremium des damaligen Generalsekretärs der Vereinten Nationen Ban Ki-moon gerne eingebracht habe.

Uns fallen in diesem Zusammenhang die großen Herausforderungen ein, vor denen die Weltgemeinschaft steht: der Klimawandel, der Umweltschutz, *Global Health*, die demographische Entwicklung und die Digitalisierung. Zu all diesen Themen hat die Leopoldina in Zusammenarbeit mit nationalen und internationalen Partnern den Erkenntnisstand der Wissenschaft in die öffentliche Diskussion mit der Absicht eingebracht, dadurch auch die Faktenbasis der politischen Entscheidungsfindung zu stärken.

Dies geschieht zum Beispiel im Rahmen und im Umfeld der Beratung der G7- und G20-Gipfel durch die nationalen Wissenschaftsakademien der beteiligten Staaten. Ich denke hier etwa an die Probleme und Perspektiven der Antibiotikaforschung. Die Leopoldina hatte dazu bereits im Januar 2013 zusammen mit der Akademie der Wissenschaften in Hamburg eine Stellungnahme veröffentlicht, die u. a. die Einrichtung eines Runden Tisches zu Antibiotikaresistenzen und zur Entwicklung neuer Antibiotika empfahl.

Im November 2013 versammelten sich erstmals Vertreterinnen und Vertreter aus Wissenschaft, Politik und Wirtschaft an diesem Runden Tisch, und vermutlich hat diese Aktivität mit dazu beigetragen, dass das Thema „Antibiotika" Eingang in den Koalitionsvertrag der damaligen Bundesregierung gefunden hat. Aber gerade bei einem solchen Thema müssen wir global agieren. Hierfür ist ein Meilenstein die Vorbereitung des Treffens der G7-Regierungs- und Staatschefs auf Schloss Elmau im Jahr 2015 gewesen. In dessen Vorfeld haben sich auch die nationalen Wissenschaftsakademien der G7-Staaten zur Frage der Antibiotikaresistenzen geäußert und eine Stellungnahme erarbeitet, die wir im April 2015 der Bundeskanzlerin übergeben haben und deren Anregungen sich im Schlussdokument des damaligen Gipfels wiederfinden.

Das wirkte sich auch auf die Themenwahl aus, als wir zwei Jahre später zum ersten Mal für einen G20-Gipfel beratend tätig waren, und zwar zu den Herausforderungen von *Global Health*. Angesichts der gegenwärtigen Epidemie, die durch ein neuartiges Corona-Virus verursacht wird, bedarf es keines weiteren Wortes, um die große aktuelle Relevanz unserer damaligen Aktivitäten zu belegen.

2.2 *Vertrauensbildende Maßnahmen*

Meine Damen und Herren,

die Beziehungen zwischen wissenschaftsbasierter Beratung, öffentlicher Meinungsbildung und politischer Entscheidungsfindung sind während meiner Amtszeit immer dialogischer, ja vielstimmiger geworden. Eine grundlegende Voraussetzung dafür, dass diese begrüßenswerte Entwicklung tatsächlich zu einer stärkeren Präsenz wissenschaftlicher Erkenntnisse wider die Ausbreitung von *Fake News* führt, lautet: Es muss ein breites gesellschaftliches Vertrauen in die Arbeitsweise und Ergebnisse der Wissenschaft geben.

Daher müssen sich Akademien dafür einsetzen, ein solches Vertrauen zu schaffen – nicht nur durch allgemeine Aufklärung über die Arbeitsweise und Erkenntnisansprüche der Wissenschaft, sondern auch durch die konkrete Ausgestaltung unserer wissenschaftsbasierten Beratung. Was heißt das?

Auf diese Frage möchte ich mit dem Hinweis auf zwei wichtige Kennzeichen unserer Beratungsaktivitäten antworten. *Erstens* haben wir durch langfristiges Engagement auf wichtigen Themenfeldern die Akademie als Institution mit unabhängiger Expertise öffentlich bekannt gemacht und damit Vertrauen in unsere Stellungnahmen und Empfehlungen geschaffen. Dies ist sowohl auf lebenswissenschaftlich-biomedizinischen Themenfeldern wie der Anwendung der Genschere und der Reproduktionsmedizin als auch in der Auseinandersetzung mit gesellschaftlichen Herausforderungen wie der Energiewende, dem Klimawandel und dem Umweltschutz geschehen.

Um durch wissenschaftsbasierte Beratung Vertrauen in Wissenschaft zu schaffen, bedarf es *zweitens* einer Ausdifferenzierung der Kommunikation zwischen Wissenschaft, Politik und Öffentlichkeit, die sich an den Erwartungen und Bedürfnissen des jeweiligen Dialogpartners orientiert, ohne dabei von den hohen Standards der unabhängigen und qualitätsgesicherten Wissenschaft abzurücken. So vermitteln wir in diesen Wochen den tagesaktuellen Wissensstand zum neuartigen Corona-Virus durch direkte Ansprache wichtiger Zielgruppen, z. B. in Pressebriefings mit den führenden Experten, die zugleich der interessierten Öffentlichkeit *via* Livestream zugänglich sind.

2.3 *Der innere Wandel der Akademie*

Meine Damen und Herren,

Akademien sind in einem guten Sinne traditionsreiche Einrichtungen. Eine Leopoldina etwa ohne die Vorträge und Diskussionen zu spannenden Forschungsthemen auf unseren Jahresversammlungen kann ich mir nicht vorstellen. Aber ebenso wie in der Wissenschaft ist – frei nach dem altgriechischen Naturphilosophen HERAKLIT – auch in unserer Akademie das einzig Beständige der Wandel, und zwar im besten Falle der durch nachvollziehbare Argumente begründete Wandel. Ich greife nur drei Beispiele aus der Vielzahl wichtiger Veränderungen in den letzten zehn Jahren heraus.

Zuerst möchte ich die Einführung einer Kommission für die Identifikation herausragender Wissenschaftlerinnen und Wissenschaftler nennen, die auf Grund des interdisziplinären Charakters ihrer Forschungen die fachlichen Grenzen zwischen den bewährten Sektionen unserer Gelehrtengesellschaft überschreiten. Die Arbeit dieser Kommission hat bereits nach kurzer Zeit wichtige Akzente bei der Auswahl neuer Mitglieder gesetzt.

Zweitens erinnere ich an die intensivierte Auseinandersetzung der Leopoldina mit ihrer eigenen Geschichte insbesondere in der ersten Hälfte des 20. Jahrhunderts und vor allem während der nationalsozialistischen Herrschaft, unter der auch die Leopoldina schwere Schuld auf sich geladen hat. Diese Forschungen werden wir fortsetzen. Ihr institutioneller Ort ist das Leopoldina-Zentrum für Wissenschaftsforschung, dessen Gründung im Jahr 2012 von Herrn Frühwald angestoßen worden ist.

Drittens ist unter Leitung von Herrn Tautz die älteste kontinuierlich bestehende wissenschaftliche Zeitschrift der Welt, die *Nova Acta Leopoldina*, im Zeitalter des elektronischen Publizierens und des *Open Access* angekommen. Vor 350 Jahren erstmals erschienen, wird die NAL nunmehr nicht nur allen Interessenten kostenfrei elektronisch zugänglich sein, sondern sie experimentiert als *NAL live* auch mit neuen Formaten des qualitätsgesicherten wissenschaftlichen Publizierens.

3. Danksagungen

3.1 Leopoldina

Meine Damen und Herren,

in einer Akademie versteht sich jedes Mitglied und selbstverständlich auch ihr Präsident als Glied einer Kette zwischen den Forschergenerationen. Daher danke ich an erster Stelle meinem Vorgänger im Präsidentenamt Herrn ter Meulen für seinen Rat, auf den ich mich immer verlassen konnte, und seinen großen Einsatz für die Leopoldina.

Erinnern möchte ich an den im vergangenen Jahr verstorbenen XXIV. Präsidenten Herrn Parthier. In unserem Gedenken bleiben wir ihm als demjenigen Präsidenten verpflichtet, der gemeinsam mit anderen die Unabhängigkeit der Leopoldina bewahrt hat und sie nach der Wiedervereinigung als Stätte freier Wissenschaft in einer freien Gesellschaft neu verankerte.

Den Mitgliedern des Präsidiums der Leopoldina danke ich herzlich für viele Jahre kollegialen Austauschs über wichtige organisatorische und inhaltliche Fragen unserer Akademie. In diesen Dank möchte ich die Klassensprecherinnen und Klassensprecher, Senatorinnen und Senatoren einbeziehen, welche die Vielfalt unserer Gelehrtengesellschaft repräsentieren. Den Mitarbeiterinnen und Mitarbeitern der Leopoldina und insbesondere unserer Generalsekretärin Frau Schnitzer-Ungefug danke ich für ihren unverzichtbaren Beitrag zum Aufbau einer modernen Arbeitsakademie, den sie Tag für Tag leisten.

3.2 Wissenschaftssystem national und international

Als Nationale Akademie der Wissenschaften Deutschlands ist die Leopoldina bestrebt, eng mit acatech – der Deutschen Akademie der Technikwissenschaften und den in der Union der deutschen Akademien der Wissenschaften versammelten Länderakademien zusammenzuarbeiten. Dafür, dass diese Kooperation gelungen ist, möchte ich stellvertretend Herrn Spath, Herrn Streibich, Herrn Hatt und Herrn Grötschel danken.

Was für die Zusammenarbeit zwischen den Akademien in Deutschland gilt, ist im weltweiten Maßstab gleichfalls richtig. Hier möchte ich meinen herzlichen Dank stellvertretend richten an die Präsidentin der Israelischen Akademie der Wissenschaften, Frau COHEN, deren Vertrauen in die Leopoldina ich überaus schätze, und den Präsidenten der *Federation of European Academies of Medicine*, Herrn GRIFFIN, der aus Großbritannien angereist ist.

Die vertrauensvolle Kooperation mit zahlreichen anderen Partnern im Wissenschaftssystem ist ebenso essentiell. Dazu zählen die Mitgliedsorganisationen der Allianz der deutschen Wissenschaftsorganisationen, die Universitäten und die Stiftungen. Stellvertretend danke ich der Präsidentin der Deutschen Forschungsgemeinschaft, Frau BECKER, dem Präsidenten der Leibniz-Gemeinschaft, Herrn KLEINER, dem Vorsitzenden der Wissenschaftlichen Kommission des Wissenschaftsrates, Herrn GUMBSCH, dem Rektor der Martin-Luther-Universität, Herrn TIETJE, der Kuratoriumsvorsitzenden der Alfried Krupp von Bohlen und Halbach-Stiftung, Frau GATHER, und dem Generalsekretär der VolkswagenStiftung, Herrn SCHÜTTE. In diesem Zusammenhang möchte ich auch Herrn DIETZ als Vorsitzenden unseres Freundeskreises herzlich für sein Engagement danken.

3.3 Politik und andere gesellschaftliche Bereiche

Sehr geehrter Herr Staatsminister,

dass die Bundeskanzlerin uns heute zum vierten Mal besuchen und das Wort wieder an uns richten wollte, das ist für uns ein schönes Zeichen der Verbundenheit und des Vertrauens, das sie, ihre Mitarbeiterinnen und Mitarbeiter aus dem Bundeskanzleramt in die Leopoldina setzen – sowohl bei der wissenschaftsbasierten Beratung als auch bei der Wissenschaftsdiplomatie. Bitte übermitteln Sie der Bundeskanzlerin hierfür unseren herzlichen Dank. Unsere Tätigkeit wäre selbstverständlich ohne die kontinuierliche Unterstützung durch das Bundesministerium für Bildung und Forschung unmöglich – dafür danke ich Ihnen, sehr verehrte Frau Bundesministerin KARLICZEK, und Ihnen, sehr verehrte Frau WANKA, sowie Frau SCHAVAN, die heute leider nicht zu uns kommen konnte.

Sehr geehrter Herr Ministerpräsident,

für die tatkräftige Unterstützung des Landes Sachsen-Anhalt möchte ich mich bei Ihnen herzlich bedanken, ebenso wie bei Ihnen, sehr geehrter Herr Oberbürgermeister, für gemeinsame Initiativen und Kooperationen zwischen Stadt und Akademie.

4. Abschließende Bemerkungen

Meine Damen und Herren,

die Reihe meiner Danksagungen würde ich gerne fortsetzen, um alle Partnerinnen und Partner aus Wissenschaft, Politik, Religion und Zivilgesellschaft einzubeziehen, mit denen die Leopoldina während meiner Präsidentschaft zusammengearbeitet hat. Das ist an dieser Stelle nicht möglich. Und eigentlich ist es genauso unmöglich, meiner Familie angemessen zu danken, die mich während meiner Präsidentschaft in jeder Hinsicht unterstützt hat. Glücklicherweise kommt mir hier – wie schon so oft – unser Mitglied Johann Wolfgang VON GOETHE zu Hilfe: „Leider lässt sich eine wahrhafte Dankbarkeit mit Worten nicht ausdrücken."

Lieber Herr HAUG,

in wenigen Minuten werde ich Ihnen diese Amtskette übergeben und damit den Wechsel in der Leopoldina-Präsidentschaft symbolisch vollziehen. Im Rückblick danke ich Ihnen herzlich für unsere bisherige Zusammenarbeit, vor allem in den vergangenen Wochen, als es darum ging, viele große und kleine Fragen zu klären. Diese Erfahrung der Zusammenarbeit macht mich sicher, dass sich die Leopoldina unter Ihrer Präsidentschaft erfolgreich weiterentwickeln und dabei auch neue Wege gehen wird. Dafür wünsche ich Ihnen von Herzen alles Gute!

Meine Damen und Herren,

haben Sie vielen Dank für Ihre Aufmerksamkeit!

Sehr geehrter Herr Staatsminister, sehr geehrter Herr Ministerpräsident,

ich möchte Sie nun bitten, gemeinsam mit meinem Nachfolger Herrn Haug auf die Bühne zur Übergabe der Amtskette des Leopoldina-Präsidenten zu kommen. Danach wird Herr Staatsminister Hoppenstedt die Ansprache der Frau Bundeskanzlerin Merkel verlesen.

Der XXVI. Leopoldina-Präsident Jörg Hacker übereichte die Amtskette an seinen Nachfolger, den XXVII. Präsidenten der Akademie Gerald Haug. Von *links* nach *rechts*: der Ministerpräsident des Landes Sachsen-Anhalt Reiner Haseloff, Altpräsident Jörg Hacker, der XXVII. Leopoldina-Präsident Gerald Haug, die Bundesministerin für Bildung und Forschung Anja Karliczek und Staatsminister Hendrik Hoppenstedt.

Der XXVII. Leopoldina-Präsident Gerald HAUG und sein Amtsvorgänger Altpräsident Jörg HACKER während der Festveranstaltung zur Übergabe des Präsidentenamtes der Leopoldina.

In der Reihe der Ehrengäste von *links* nach *rechts*: die Rektorin der Technischen Universität Dortmund und Kuratoriumsvorsitzende der Alfried Krupp von Bohlen und Halbach-Stiftung Ursula GATHER, der Bildungsminister des Landes Sachsen-Anhalt Marco TULLNER, die Ministerin für Justiz und Gleichstellung des Landes Sachsen-Anhalt Anne-Marie KEDING, der Minister für Wirtschaft, Wissenschaft und Digitalisierung des Landes Sachsen-Anhalt Armin WILLINGMANN, die ehemalige Bundesministerin für Bildung und Forschung Johanna WANKA und die Leopoldina-Vizepräsidentin Ulla BONAS.

Ansprache

Hendrik HOPPENSTEDT (Berlin)
Staatsminister bei der Bundeskanzlerin

Sehr geehrter Herr Professor HACKER,
sehr geehrter Herr Professor HAUG,
Herr Ministerpräsident,
verehrte Frau Kollegin KARLICZEK,
liebe Johanna WANKA,
meine sehr geehrten Damen und Herren!

Ich möchte einfach am Anfang dieser Rede um Verständnis bitten, dass die Bundeskanzlerin nicht selber kommen konnte. Wir haben heute Morgen lange zusammengesessen und überlegt, ob es nicht doch irgendwie möglich ist, dass sie heute herkommt. Es geht leider nicht. Sie wissen alle, was für schreckliche Ereignisse in Hanau passiert sind. Und sie bittet einfach ganz herzlich um Ihr Verständnis.

Herr Professor HACKER, die Bundeskanzlerin hat eine große, auch persönliche Verbundenheit zu Ihnen und wäre deswegen wirklich gern gekommen. Und sie freut sich, wenn Sie dann, zusammen mit Ihrem Nachfolger, hoffentlich in Kürze nach Berlin kommen können, damit man zumindest noch einmal ein persönliches Gespräch miteinander führen kann.

Ich möchte Ihnen, Frau Vizepräsidentin, ganz herzlich danken, dass Sie uns heute diese Schweigeminute ermöglicht haben, damit wir alle unsere Betroffenheit, unser Entsetzen, unsere Anteilnahme vor allen Dingen für diejenigen zum Ausdruck bringen können, die gestorben sind, die in den Kliniken leben und noch kämpfen und für alle diejenigen, die jetzt um Angehörige trauern und bangen.

Meine Damen und Herren, es ist nicht das erste Mal, dass ich die Bundeskanzlerin bei Redeeinsätzen vertrete. Und üblicherweise ist es so, dass man dann in eine große Menge einigermaßen enttäuschter Gesichter schaut. Bei Ihnen heute Morgen habe ich das Gefühl, es geht gerade noch, zumindest halten Sie sich tapfer. Dafür ein herzliches Dankeschön! Ich habe zwei, drei Trostpflaster dabei.

Trostpflaster Nummer eins: Ich habe meine Abteilungsleiterin 3 aus dem Bundeskanzleramt, Frau MIEHE-NORDMEYER, mitgebracht, die mit ihrem Charme und auch ihrer Verbundenheit zu diesem Institut und zu dieser Leopoldina einfach dabei sein wollte.

Punkt zwei ist auch ganz wichtig. Die Rede, die ich hier vortrage, ist exakt die gleiche, die die Bundeskanzlerin vorgetragen hätte. Sie brauchen also keine Sorgen zu haben, dass Ihnen irgendetwas entgeht.

Der Herr Ministerpräsident hat – und das wäre jetzt mein drittes Trostpflaster – in seinem ihm eigenen Charme gesagt: „Hier steht heute nur der Zweitbeste.“ Er hat es ein bisschen netter ausgedrückt. Der Chef des Bundeskanzleramts ist diese Woche dienstlich aushäusig, insoweit kann ich Ihnen doch sagen: Es steht der Beste vor Ihnen.

Meine Damen und Herren, wir verabschieden heute Herrn Professor HACKER nach zwei Amtszeiten als Präsident der Leopoldina. Und wir wünschen seinem Nachfolger, Herrn Professor HAUG, viel Erfolg, wenn Sie denn ab März die Nationale Akademie der Wissenschaften leiten.

Lieber Herr Professor HACKER, so ein Abschied fällt nicht leicht, Ihnen vermutlich nicht und der Bundesregierung im Übrigen genauso wenig. Wir haben Sie als Ratgeber schätzen gelernt, und zwar schon zu Ihren Zeiten, als Sie im Robert-Koch-Institut und für die Deutsche Forschungsgemeinschaft tätig waren. So altehrwürdig die Leopoldina auch ist – sie wurde bereits 1652 gegründet –, ihre besondere Rolle als Nationale Akademie der Wissenschaften übt sie erst seit zwölf Jahren aus. Zehn Jahre davon haben Sie, lieber Herr Professor HACKER, die Akademie geleitet. Daher kann man auch, glaube ich, mit Fug und Recht feststellen: Heute geht eine Ära zu Ende.

Dank Ihnen ist die Leopoldina den hohen Erwartungen, die man ihr als Nationale Akademie entgegengebracht hat, gerecht geworden. Die Leopoldina ist zum einen ein glänzendes Aushängeschild der deutschen Wissenschaft im Ausland, indem sie Beziehungen zu Akademien weltweit pflegt. Zum anderen bringt sie die Stimme der Wissenschaft auch in der aktuellen politischen und öffentlichen Diskussion zu Gehör. Dahinter steht der Kerngedanke, dass wissenschaftlicher Fortschritt nicht sich selbst genügt, sondern seine Erfüllung im Gemeinwohl findet. In diesem Sinne widmet sich die Leopoldina, über den wissenschaftsinternen Austausch hinaus, auch der Beratung von Politik und Gesellschaft. Ihre wissenschaftlich fundierten Analysen und Begründungen helfen, tragfähige politische Entscheidungen herbeizuführen. Ihre Anerkennung als Beratungsinstanz verdankt die Leopoldina sowohl den Kompetenzen ihrer Mitglieder als auch ihrer Unabhängigkeit.

Auf dieser Grundlage entwickelt die Leopoldina Empfehlungen für die Politik, wie z. B. in ihren Stellungnahmen zur Luftreinhaltung, das war ja damals ein Riesenthema, und zu den Klimazielen 2030. Dabei ist es wichtig, dass wissenschaftliche Erkenntnisse möglichst breites Gehör finden können und zugleich beachtet wird, dass Wissenschaft und Politik oft in sehr, sehr unterschiedlichen Zeiträumen arbeiten: wir als Politiker üblicherweise so in Vier-Jahres-Zeiträumen, Sie als Wissenschaftler etwas langfristiger.

In der vergangenen Woche haben Sie, lieber Herr Professor HACKER, in einem Interview erwähnt, dass die Leopoldina lernen musste, Antworten auch schnell zu geben. Dass das mit einem gewissen Unbehagen verbunden ist, das kann ich mir jedenfalls gut vorstellen, denn die Akademiemitglieder widmen sich oft langwierigen Forschungsarbeiten und verfolgen mit wissenschaftlicher Akribie jeden denkbaren Ansatzpunkt. Daneben Stellungnahmen zu aktuell laufenden Diskussionen abzugeben, ist eine eigene Herausforderung. Ich bin sehr dankbar, dass Sie sich auch diesen Herausforderungen annehmen, denn die Politik ist in ihrem Bemühen um bestmögliche Lösungswege auf wissenschaftliche Erkenntnisse angewiesen. Und wer, wenn nicht die Leopoldina, steht in besonderer Weise für wissenschaftliche Evidenz. Ihr Name steht für Freiheit im Denken und Freude an der Zukunft.

Das ist auch einer der Gründe dafür, dass sich Deutschland als starker Forschungs- und Innovationsstandort präsentiert. Wie wichtig das ist, zeigt sich z. B. an neuen technologischen Entwicklungen, deren Mitgestaltung unser Anspruch als *Hightech*-Land ist. Denn wir dürfen nie vergessen, dass wir uns immer wieder Technologievorsprünge erarbeiten müssen, wenn wir unseren Lebensstandard auf Dauer halten wollen. Das gilt gerade auch im Hinblick auf künstliche Intelligenz, die unsere Wirtschaft und Arbeit, unser Leben und Zusammenleben grundlegend verändern wird.

Wie wichtig ein innovationsstarkes Deutschland ist, zeigt sich darüber hinaus an den globalen Anforderungen und Herausforderungen unserer Zeit, vor allem an der Bekämpfung des Klimawandels. Seine verheerenden Folgen einzudämmen, ist eine der anspruchsvollsten und drängendsten Menschheitsaufgaben überhaupt. Ich freue mich sehr, dass der neue Leopoldina-Präsident Professor HAUG ein ausgewiesener Klimaexperte ist.

Grundlegende Veränderungen gehen oft mit Unsicherheit und mit Sorge einher. Dann ist die Versuchung groß, solche Veränderungen zu verdrängen und damit auch Zukunftschancen zu verspielen. Daher bedarf es wissenschaftlich fundierter, aber vor allen Dingen auch allgemein verständlicher Erklärungen dieser Veränderungen und Hinweise, wie mit diesen Veränderungen am besten umzugehen ist. Das ist natürlich viel leichter gesagt als getan. Aber anderenfalls überlassen wir jenen das Feld, die einfache Antworten auf komplexe Fragen versprechen, die ein diffuses Gefühl der Unsicherheit vor der Zukunft für ihre Zwecke ausnutzen möchten. Herausforderungen und Veränderungen bewältigt man nicht, indem man sie klein redet oder gar ignoriert, sie stehen an, ob wir es nun wollen oder nicht. Die Frage lautet also, ob wir uns auf sie einlassen und versuchen, die Veränderungen im Sinne des Gemeinwohls mitzugestalten, statt uns von ihnen treiben zu lassen.

Wenn wir über Wege in die Zukunft sprechen, dann müssen wir neben den Risiken, die es zu vermeiden gilt, ebenso die Chancen sehen, die wir uns mit neuen Ideen und Erkenntnissen erschließen können. Diese Zukunftszugewandtheit zu fördern, ist ein Anliegen, das Ihnen, Herr Professor HACKER, stets besonders am Herzen liegt. Sie mahnen dabei auch an, dass die Wissenschaft noch mehr auf Transparenz und auf Dialog setzen muss. Das ist sicher auch einer der vielen Gründe dafür, dass der Senat Professor HAUG zum neuen Präsidenten der Leopoldina gewählt hat.

Nach Ihrer Wahl, lieber Herr HAUG, haben Sie gesagt, Ihnen ist wichtig, dass Sie „eine faktenbasierte, ausgewogene und transparente wissenschaftliche Beratung möchten, die die Belange unterschiedlicher gesellschaftlicher Gruppen mit einbezieht“. Ich halte das für eine überaus wichtige Aufgabe – in einer Zeit, in der Emotionen oft ein höherer Stellenwert eingeräumt wird als erwiesenen Fakten. Es wäre schon viel gewonnen, wenn die Unterschiede zwischen Fakten und *Fakes* erkannt werden. Zugleich gilt es, praktische Schlussfolgerungen aus wissenschaftlichen Erkenntnissen zu ziehen. Anders hätte es Deutschland im Übrigen auch gar nicht geschafft, sich jahrzehntelang im Kreis der leistungsfähigsten Volkswirtschaften überhaupt zu behaupten.

Deutschland steht für Wissenschaft und Forschung auf Spitzenniveau. Dank unserer Innovationsstärke können wir als Exportnation auf den Weltmärkten überzeugen, darauf gründet ein erheblicher Teil unseres Wohlstandes. Aber wir müssen uns auch anstrengen, wenn wir in Zukunft im weltweiten Innovationswettbewerb schritthalten möchten – oder besser noch, immer auch einen Schritt voraus sind. Da ist es gut, dass wir zu den fünf Ländern gehören, die am meisten in Forschung und Entwicklung investieren. Wir haben das vorgegebene Ziel der „Strategie Europa 2020“, 3 % des Bruttoinlandsproduktes in Forschung und Entwicklung zu investieren, bereits 2017 erreicht. Und wenn ich jetzt Johanna WANKA hier sehe, muss ich sagen, das war auch in erheblichen Anteilen ihr Verdienst. 2018 ist dieser Anteil nochmal auf über 3,4 % gestiegen. Nun streben wir, also Staat und Wirtschaft gemeinsam, mit

3,5 % bis 2025 einen noch höheren Anteil an, und ich weiß das bei Anja Karliczek in besten Händen. Letztes Jahr haben wir die drei großen Wissenschaftspakete unter Dach und Fach gebracht. In den kommenden zehn Jahren werden wir Hochschulen und Forschungseinrichtungen zusätzlich mit über 160 Milliarden Euro unterstützen. Und mit der Exzellenzstrategie stärken wir weiterhin die universitäre Spitzenförderung. Jedes Jahr stellen Bund und Länder für die Exzellenzstrategie über eine Milliarde Euro bereit. Dass Forschungseinrichtungen und Hochschulen also eine hohe Planungssicherheit auch für die nächsten Jahre haben, ist insbesondere mit Blick auf die Grundlagenforschung wichtig. Sie gestaltet sich naturgemäß oft langwierig und aufwändig. Doch nur, wenn wir in langen Zeiträumen denken, können sich uns immer wieder auch ungeahnte Perspektiven eröffnen. Und genau deshalb legen wir in Deutschland großen Wert auf ein breites Spektrum, sowohl an grundlegender als auch angewandter Forschung.

Mit der *Hightech*-Strategie konzentrieren wir uns auf besonders erfolgversprechende Innovationsbereiche, z. B. die Bereiche der digitalen Gesundheit, der Biotechnologie, der künstlichen Intelligenz und der Quantentechnologie. Um der Quantentechnologie den Weg von der Grundlagenforschung bis hin zum Markt zu ebnen, investieren wir in dieser Legislaturperiode rund 650 Millionen Euro. Der erste physische Quantencomputer in Europa soll in Deutschland gebaut werden und 2021 zum Einsatz kommen. Der Bundesregierung ist es gemeinsam mit der Fraunhofer-Gesellschaft Ende Januar gelungen, mit dem amerikanischen Technologiekonzern IBM die Verhandlungen darüber abzuschließen. Das ist auch ein deutliches Indiz für die hohe Anziehungskraft des Forschungsstandortes Deutschland. Wir müssen unaufhörlich daran arbeiten, in Deutschland und Europa unsere technologische Souveränität zu bewahren, mit eigener Infrastruktur und eigenen Lösungen. Von zentraler Bedeutung ist die Frage der digitalen Souveränität gerade im Bereich der künstlichen Intelligenz. Zum einen geht es darum, der Marktmacht amerikanischer und auch chinesischer Plattformen zum Trotz industrielle Wertschöpfungsketten in Europa zu erhalten. Zum anderen müssen wir mit neuen technologischen Möglichkeiten verantwortungsvoll und verantwortungsbewusst umgehen, d. h., wir müssen immer genau abwägen, wie wir sie nutzen wollen und wo z. B. aus ethischen Gründen Grenzen zu ziehen sind. Denn stets hat der Mensch im Mittelpunkt zu stehen, das gilt für die analoge wie für die digitale Welt.

Nur wenn wir selbst neue Technologien und Anwendungen entwickeln und auf den Markt bringen, können wir sie auch nach unseren Werten und Maßstäben gestalten. Ich bin davon überzeugt, dass die Ethik und die Freiheit der Forschung keineswegs im Widerspruch zueinander stehen müssen. Wissenschaftsfreiheit bedeutet nicht, dass alles, was gemacht werden kann, auch gemacht werden sollte. Freiheit, auch Wissenschaftsfreiheit, bedeutet nicht, frei von Verantwortung zu sein. Im Gegenteil, Freiheit verpflichtet dazu, verantwortungsvoll mit ihr umzugehen.

Die Leopoldina sieht sich in einer besonders langen Tradition der vernunftgeleiteten Zukunftsvorsorge. In ihren fast 370 Jahren trotzte sie allen Stürmen und Umwälzungen der Geschichte. Seit 1878 hat sie ihren festen Sitz hier in Halle an der Saale, und seit 2008 hat sie als Nationale Akademie einen herausragenden Platz im deutschen Wissenschaftssystem. Heute vereint die Leopoldina rund 1600 Gelehrte weltweit, ein Teil ist heute hier im Saal anwesend. Die Liste ihrer Mitglieder ist lang und eindrucksvoll. Hier wird global zusammengearbeitet, hier wird über fachliche, regionale und nationale Grenzen hinweg gedacht und geforscht.

Und daher bin ich Ihnen, lieber Herr Professor Hacker, auch sehr dankbar dafür, dass während der deutschen G7-Präsidentschaft 2015 unter Ihrer Leitung erstmals Empfehlungen aus der Wissenschaft in die Beratungen der Staats- und Regierungschefs eingeflossen sind. Und diese wurden auch während unserer G20-Präsidentschaft 2017 fortgesetzt. Und so haben Sie entscheidend dazu beigetragen, dass die Dialogforen „Science7“ und „Science20“ bei der G7 und der G20 fest etabliert sind. Damit haben Themen wie Antibiotikaresistenzen und der Schutz der Ozeane einen neuen Stellenwert in der internationalen Politik erlangt. Hier war Professor Haug im Übrigen Mitautor der Stellungnahme zur Zukunft der Ozeane.

Lieber Herr Professor Hacker, wertvolle Impulse aus der Wissenschaft haben Sie auch als Mitglied des wissenschaftlichen Beirates eingebracht, den der damalige Generalsekretär der Vereinten Nationen 2013 eingerichtet hat. Dass Sie die Perspektiven der deutschen Wissenschaft und Wissenschaftspolitik deutlich gemacht haben, hat der internationalen Debatte, insbesondere zu Fragen einer nachhaltigen Entwicklung, gewiss nicht geschadet. Ohnehin vertraten Sie den Standpunkt, dass „Deutschland zu einem globalen Knotenpunkt der Wissensgesellschaft entwickelt werden solle“. Das ist ein großer, überaus wichtiger Anspruch, und dafür haben wir gute Voraussetzungen. Das zeigt sich schon allein daran, dass Deutschland das beliebteste nicht englischsprachige Gastland für Studierende aus aller Welt ist. Auch die Zahl ausländischer Wissenschaftler an deutschen Hochschulen und Forschungseinrichtungen ist stark gestiegen, und sie hat sich in den letzten zehn Jahren fast verdoppelt. Umgekehrt gehen fast 40% der deutschen Bachelor-Studierenden für eine gewisse Zeit ins Ausland, auch diese Zahl ist Spitzenwert in Europa. Die deutsche Wissenschaft und die forschende Wirtschaft bringen sich heute stärker denn je in internationale Netzwerke ein. Sie profitieren natürlich auch von diesem Austausch, das fördern wir als Bundesregierung auch ganz gezielt.

In der internationalen Zusammenarbeit geht es aber nicht allein darum, Wissen zu exportieren oder zu importieren. Ebenso wichtig ist, durch verschiedene Blickwinkel neues Wissen zu schaffen und zu teilen. Das ist beileibe keine theoretische Frage. Wie schnell dies notwendig werden kann, zeigt die Ausbreitung des Corona-Virus. Weltweit forschen zahlreiche Institute und Unternehmen an einem Impfstoff, auch in Deutschland. Inzwischen hat die Weltgesundheitsorganisation den internationalen Notstand ausgerufen. So bitter der Anlass dafür auch ist, so wichtig ist dieser Schritt, weil er die internationale Kooperation bei der Eindämmung der Krankheit als auch bei der Impfstoffsuche erleichtert. Um mit solchen und anderen Fragen von internationaler Tragweite umzugehen, sind gefestigte Strukturen und anerkannte Institutionen, wie die Leopoldina, unverzichtbar, die die Entwicklungen analysieren, einordnen und Empfehlungen abgeben können.

Grundlegende Voraussetzung dafür, dass sich Forschung und Innovationskraft entfalten können, ist die Freiheit. Die Wissenschaft bedarf der Freiheit, mit der sie – im Bewusstsein der Verantwortung für das Gemeinwohl – ihren Erkenntnissen nachgehen kann. Wir erleben jedoch, dass sich Wissenschaftler an vielen Orten der Welt in ihrer Arbeit eingeschränkt sehen oder sich in ihrer Sicherheit bedroht fühlen oder gar fliehen müssen. Nicht selten wird die Relevanz der Wissenschaft generell in Zweifel gezogen, vor allem dann, wenn sie Ergebnisse zeigt, die bestimmten Weltbildern nicht entsprechen. Die Wissenschaft braucht eine offene Gesellschaft. Sie braucht Freiheit und sie braucht Unabhängigkeit. Eine offene Gesellschaft wiederum braucht eine freie und unabhängige Wissenschaft. Freiheit und Unabhängigkeit bedeuten nicht Distanz. Im Gegenteil, gerade in Zeiten großer Veränderung ist ein enger Austausch zwischen Politik und unabhängiger Wissenschaft essentiell. Und genau dafür bürgt auch im Besonderen die Leopoldina.

Sehr geehrter Herr Professor HACKER, unter Ihrer Leitung ist die Nationale Akademie national wie international zu einem hoch angesehenen Institut, zu einer hoch angesehenen Institution erwachsen. Mit zahlreichen Beiträgen hat sie die öffentliche Diskussion bereichert. Ihre Präsidentschaft, lieber Herr Professor HACKER, war ein Gewinn für die Leopoldina, für die deutsche Wissenschaft und für uns alle, denen wissenschaftliche Erkenntnisse zugutekommen. Dafür danke ich Ihnen von Herzen. Und so wünsche ich Ihnen vor allen Dingen weiterhin alles erdenklich Gute. Sie treten jetzt in den Ruhestand ein, ich vermute aber auch, dass der alte lateinische Spruch „Nunquam otiosus“, „Niemals müßig“, nun auch für Sie gelten wird. Zumindest denke ich, dass viele darauf hoffen werden.

Lieber Herr Professor HAUG, soeben haben Sie die Amtskette des Leopoldina-Präsidenten erhalten, ab März leiten Sie die Nationale Akademie der Wissenschaften. Das ist eine große, hoffentlich nicht Furcht einflößende Aufgabe, und entsprechend groß ist auch mein Wunsch für ein gutes Gelingen und eine allzeit glückliche Hand. Zugegebener Weise ist dieser Wunsch auch nicht ganz uneigennützig, denn ich baue auch künftig darauf, dass die Leopoldina der Politik und uns allen in der Bundesregierung wichtige Empfehlungen geben kann. Alles Gute und herzlichen Dank.

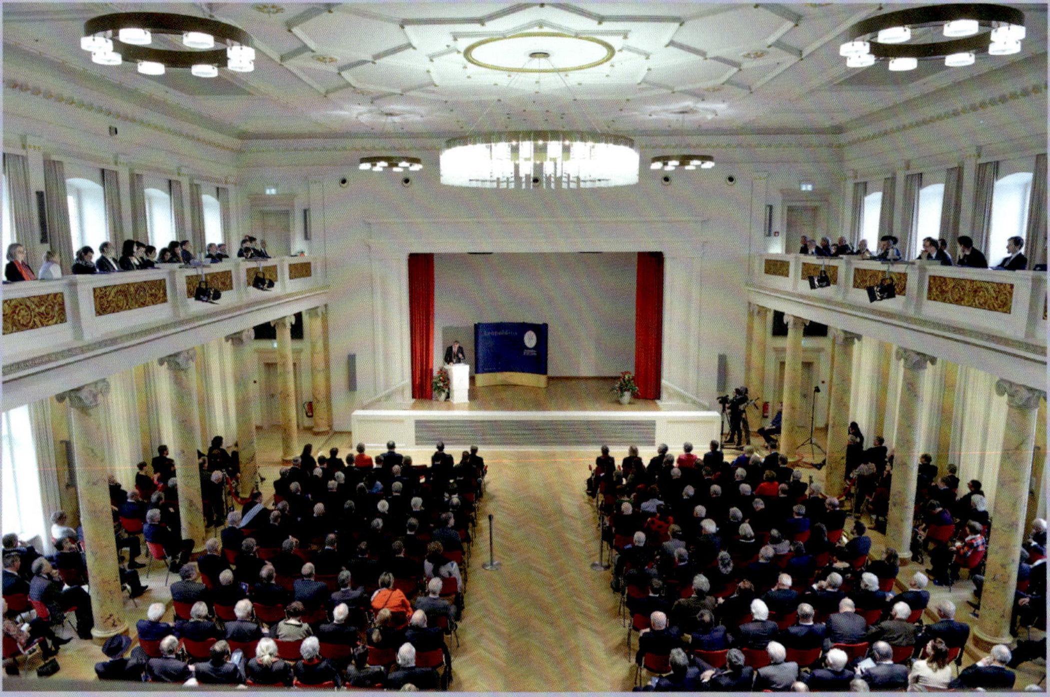

Blick in den Festsaal des Leopoldina-Hauptgebäudes während der Ansprache des neuen Präsidenten Gerald HAUG.

Rede des neuen Präsidenten

Gerald HAUG ML (Mainz, Halle/Saale)
Präsident der Akademie

Sehr geehrter Herr Staatsminister,
sehr geehrter Herr Ministerpräsident,
sehr geehrte Frau Bundesministerin,
sehr geehrter Herr Oberbürgermeister,
sehr geehrte Vertreterinnen und Vertreter aus Wissenschaft, Politik, Religion, Wirtschaft, Kultur und Zivilgesellschaft,
sehr geehrte Präsidentinnen und Präsidenten deutscher und internationaler Akademien,
sehr geehrte Präsidenten HACKER und TER MEULEN,
sehr geehrte Mitglieder der Leopoldina,
liebe Familienangehörige und Freunde,
meine Damen und Herren!

1. Einleitung

Es wird Sie kaum überraschen, dass dies ein ganz besonderer Augenblick für mich ist. Zwar konnte ich mich in den vergangenen Wochen und Monaten auf mein neues Amt und die heutige Feier zur Amtsübergabe vorbereiten. Doch die Abschiedsrede meines Vorgängers Jörg HACKER und die Festansprache von Frau Bundeskanzlerin MERKEL, verlesen von Herrn Staatsminister HOPPENSTEDT – für die ich mich im Namen der Akademie sehr herzlich bedanke – haben mir zweierlei erneut deutlich vor Augen geführt: *erstens*, welch hohe Verantwortung der Leopoldina-Präsident trägt, und *zweitens*, welch vielfältige Chancen er hat, die Wissenschaft und ihren Dialog mit der Gesellschaft voranzubringen.

Durch Ihre Teilnahme an diesem Festakt beweisen Sie, meine Damen und Herren, Ihre Verbundenheit mit unserer Nationalen Akademie der Wissenschaften Leopoldina. Sie zeigen, dass sie die großen Verdienste Jörg HACKERS würdigen möchten und darauf gespannt sind, wie sich der neue Präsident mit seiner ersten Rede präsentiert. Hierfür danke ich Ihnen herzlich!

Einen großen Dank möchte ich den Senatorinnen und Senatoren der Leopoldina für das Vertrauen abstatten, das sie als Vertreterinnen und Vertreter der Akademiemitglieder in mich setzen. Ich werde alles daransetzen, Ihre Erwartungen nicht zu enttäuschen. Allerdings gibt es eine unabdingbare Voraussetzung dafür, dass mir dies gelingt: Sie alle nehmen meine herzliche Einladung an, Ihr großes

Engagement für die Akademie fortzusetzen und mich mit Ihren Ideen zu unterstützen.

2. Fünf Schlaglichter auf die kommenden Jahre

Meine Damen und Herren,

heute habe ich mir das Ziel gesteckt, dass Sie am Ende meiner Rede einen guten Eindruck davon gewonnen haben, wie ich die Kontinuität des Wandels fortsetzen möchte, die Jörg Hacker als wesentliches Kennzeichen der Akademie in seiner Rede genannt hat. Fünf Schlaglichter sollen Ihnen dies erlauben. Ich werde Ihnen nicht nur mein Wissenschaftsverständnis nahebringen und meine Ziele für die wissenschaftsbasierte Beratung darstellen, sondern auch kurz auf drei Themenbereiche eingehen, die mir besonders wichtig erscheinen.

2.1 Das Fundament: Wissensintegration und Gemeinwohlorientierung

Beginnen möchte ich mit meinem Bild von Wissenschaft. Denn das Erste, was Sie an einem neuen Leopoldina-Präsidenten vermutlich interessieren wird, ist: Worüber forscht er? Wie prägt das sein Verständnis von Wissenschaft, und wo sieht er den gesellschaftlichen Ort der Wissenschaft im Allgemeinen und der Leopoldina im Besonderen?

Ich habe Geologie studiert, und Geologen interessieren sich traditionell für Prozesse, die sich über sehr lange Zeiträume, viele Jahrmillionen erstrecken. Heutzutage versteht sich die Geologie als integraler Teil der Erdsystemforschung, in die jede beteiligte Disziplin ihren spezifischen Zugang zum Verständnis unseres hochkomplexen Planeten einbringt. In der Zusammenarbeit mit zahlreichen anderen Disziplinen – nicht nur mit den Natur- und Lebenswissenschaften, sondern auch mit den Geistes-, Kultur- und Sozialwissenschaften – tragen die Erdsystemforscher immer neue Erkenntnisse zur Rekonstruktion und zum Verständnis sehr viel kürzerer Prozesse bei. Ich nenne nur die Frage, wie Veränderungen im Klima die Geschichte von Kulturen beeinflusst haben und nach wie vor beeinflussen.

Bei der Beantwortung solcher Fragen lassen sich natürliche und kulturelle Phänomene nicht fein säuberlich voneinander trennen. Historisch betrachtet, wird das spätestens dann offensichtlich, wenn wir den Blick auf die Epoche seit Beginn der industriellen Revolution lenken.

Ein Wissenschaftler, der mein Kollege am Max-Planck-Institut für Chemie, ein Vorbild für eine ganze Generation von Forscherinnen und Forschern, auch für mich, und Ehrenmitglied der Leopoldina ist, hat dies mit einem neuen Begriff auf den Punkt gebracht, den Sie alle kennen. Ich meine Paul Crutzen und sein Konzept des Anthropozäns. „Anthropozän“ heißt: Wir leben in einem Zeitalter, das sogar aus geologischer Sicht durch die Aktivitäten des Menschen geprägt wird.

Diese Einsicht ist ein herausragendes Beispiel dafür, wie der wissenschaftliche Drang zu erkennen, was ist, sich auswirkt auf das Verständnis unserer selbst in einer Welt, die sich dramatisch verändert und deren Zukunft wir gemeinsam gestalten müssen. Die Integration der wissenschaftlichen Erkenntnis wie in der Erdsystemforschung erleichtert diese besondere Transferleistung in die Gesellschaft. Akademien sind der geradezu prädestinierte Ort für eine solche Wissensintegration und einen solchen Transfer. Denn die Idee der weltoffenen Zusammenarbeit zwischen Wissenschaftlern unterschiedlichster Disziplinen hat schon ihre Gründer angetrieben. Folgerichtig wird auch für mich die Untrennbarkeit von freier Grundlagenforschung und Gemeinwohlorientierung, auf die Jörg Hacker immer wieder in seiner Amtszeit und in seiner heutigen Rede hingewiesen hat, eine Leitidee meines Handelns als Präsident der Leopoldina sein.

2.2 *Ein wichtiges Ziel: Die wissenschaftsbasierte Beratung antizipativer machen*

Meine Damen und Herren,

als Erdsystemforscher versuche ich nicht nur, vollkommen unterschiedliche Zeitskalen zusammenzudenken. Sondern ich habe auch gelernt, dass eine Wissenschaft erst dann florieren kann, wenn sie unterschiedliche Forschungsmethoden so miteinander in Beziehung setzt, dass sie sich wechselseitig ergänzen und inspirieren. Zur Erdsystemforschung gehören nicht nur die Tiefenbohrung und die Erkundung großer Areale, sondern auch die Modellierung dynamischer Prozesse und die zeitnahe Auswertung von Messergebnissen, um die Wahrscheinlichkeit des Eintretens bestimmter Ereignisse möglichst präzise zu bestimmen. Dazu gehören auch die Szenarien der dramatischen menschgemachten Veränderungen des Ozean- und Atmosphärensystems.

Ich bin überzeugt, dass eine solche Vielfalt an sich ergänzenden Methoden auch den Werkzeugkasten unserer wissenschaftsbasierten Beratung auszeichnen sollte. Sie wird breit angelegte Erkundungen neuer Wissenschafts- und Technologiefelder umfassen, aber auch pointierte Debattenbeiträge, die präzise terminiert sein müssen, wenn sie die erwünschte Wirkung entfalten sollen. Es ist mir besonders wichtig, unsere Fähigkeit zu stärken, Fragestellungen zu antizipieren, die in einem kurzfristigen Horizont große Relevanz haben werden. Wir müssen in der Lage sein, auf nationaler wie internationaler Ebene gesellschaftlich brennende Themen innerhalb weniger Wochen zu bearbeiten – selbstverständlich ebenso unabhängig und verlässlich, wie es diejenigen Wissenschaftlerinnen und Wissenschaftler tun, die sich für ihre Tiefenbohrungen mehr Zeit lassen können und sollen.

Meine Erfahrungen aus dem vergangenen Jahr mit unseren *Ad-hoc*-Stellungnahmen zur sauberen Luft und zu den Klimazielen 2030 machen mich zuversichtlich, dass wir dies schaffen werden – vor allen Dingen dann, wenn wir die Möglichkeiten des digitalen Miteinanderarbeitens noch stärker nutzen und die Arbeitsgruppen noch flexibler seitens der Akademie unterstützen.

2.3 *Eine dringliche Aufgabe: Die digitale Revolution in Wissenschaft und Gesellschaft kritisch begleiten*

Meine Damen und Herren,

gerade habe ich die Möglichkeiten der stärkeren Digitalisierung in der wissenschaftsbasierten Beratung angesprochen. „Digitalisierung“ – damit ist ein Begriff gefallen, der einen Fokus meiner Leopoldina-Präsidentschaft bezeichnen wird. Ich sehe hier mindestens drei Aktionsfelder: Digitalisierung in der Gesellschaft, in der Wissenschaft und in der Akademie.

Die Künstliche Intelligenz ist ein prägnantes Beispiel dafür, dass diese drei Felder eng miteinander verbunden sind. Künstliche Intelligenz: Das ist an erster Stelle eines der aktuell spannendsten Forschungsgebiete, und die Leopoldina kann sich glücklich schätzen, viele der weltweit führenden Köpfe der Künstlichen Intelligenz zu ihren Mitgliedern zu zählen. Über die Notwendigkeit, dass parallel zur Erforschung und Entwicklung von künstlich-intelligenten Systemen eine breite Debatte über die möglichen Auswirkungen der Anwendung solcher Systeme in Lebens- und Arbeitswelt geführt werden muss, sind sich alle Beteiligten einig.

Auf die wissenschafts- und innovationspolitischen Aspekte der Künstlichen Intelligenz richtet sich vielleicht nicht so stark das allgemeine Interesse. Aber ich weiß von vielen Expertinnen und Experten, dass ein harter Wettbewerb um die besten Köpfe auf diesem Gebiet sowohl zwischen den nationalen Wissenschaftssystemen als auch zwischen öffentlichen Forschungseinrichtungen und privatwirtschaftlichen Unternehmen entbrannt ist. Eine solche Situation zu analysieren und die von Wissenschaftlerinnen und Wissenschaftlern selbstorganisierten Initiativen zu unterstützen, die die Wettbewerbsfähigkeit Deutschlands und Europas erhalten wollen – dies gehört gewiss zu den wichtigsten Aufgaben einer Nationalen Akademie der Wissenschaften.

Allerdings würden wir uns unglaubwürdig machen, wenn wir nicht gleichzeitig die Digitalisierung in der Akademie sehr ernst nehmen und zu einem zentralen Projekt der kommenden Jahre machen würden. Die ersten Schritte hierzu sind unternommen worden, und ich freue mich darauf, diesen Prozess weiter voranzutreiben. Das betrifft nicht nur interne Abläufe, sondern auch die Kommunikation der Leopoldina nach außen, etwa durch eine konsequente *Open-Access*-Transformation unserer wissenschaftlichen Publikationen.

2.4 Eine Stärke der Leopoldina: Lebenswissenschaften und Medizin

Meine Damen und Herren,

die Digitalisierung hat eine enorme Dynamik auch in den Lebenswissenschaften und der Medizin entfaltet. Ohne sie wären die enormen Fortschritte der vergangenen Jahre nicht möglich gewesen. Über den Einsatz solcher Technologien hat die Leopoldina in den vergangenen Jahren beratend gearbeitet, und sie hat dies im Kontext der herausragenden Expertise ihrer Mitglieder in der Medizin und den Lebenswissenschaften getan.

Dafür bin ich allen beteiligten Wissenschaftlerinnen und Wissenschaftlern sehr dankbar, und wir sollten dieses Engagement unbedingt fortsetzen. Als hochinteressierten Nichtexperten haben mich die Publikationen der Leopoldina zur Revolution in der Gentechnik, die sich mit dem Kürzel „CRISPR/Cas“ verbindet, zu bioethischen und rechtlichen Fragen der modernen Lebenswissenschaften und Medizin, zur Infektionsbiologie und zur Antibiotikaforschung sehr bereichert, und ich weiß um ihre große Wirkung in Politik und Öffentlichkeit. Ich bin darauf gespannt, mit welchen Fragen aus diesen und weiteren medizinischen Bereichen wie etwa den beeindruckenden Fortschritten in der Diagnose von Krebs und den neuen Therapiemöglichkeiten wie der Immunzellentherapie wir uns in den kommenden Jahren beschäftigen werden.

Als Klimaforscher freut mich darüber hinaus, dass die Leopoldina das Stichwort „Global Health“ offensiv aufgegriffen und sich national wie international mit zahlreichen Facetten dieser Menschheitsaufgabe, etwa den gesundheitlichen Auswirkungen des Klimawandels, beschäftigt hat. Ich werde sehr gerne Initiativen, die Leopoldina national und international hier noch stärker zu involvieren, unterstützen. Unser Leopoldina-Gespräch letzte Woche zum neuartigen Corona-Virus und den möglichen nationalen und globalen Folgen der aktuellen Epidemie ist nur ein Beispiel hierfür.

2.5 Wissenschaftsbasierte Beratung unter Hochdruck: der Klimawandel

Meine Damen und Herren,

soeben habe ich *en passant* das Thema angesprochen, auf dessen ausführlichere Darstellung Sie vermutlich schon warten: den menschgemachten Klimawandel. Ich werde das bereits vielfältig begonnene Engagement der Leopoldina zu diesem Thema ausbauen und intensivieren – und zwar, um eine medizinische Terminologie zu wählen, sowohl hinsichtlich Diagnose als auch Therapie. Dabei scheint mir das Ineinandergreifen der Ebenen national – europäisch – global für unseren Erfolg von besonderer Bedeutung zu sein, und ich unterstütze alle Bemühungen, die Verschränkung unserer Aktivitäten zwischen diesen Ebenen zu fördern.

Zudem scheint mir der Klimawandel für stärker antizipative Formen der wissenschaftsbasierten Beratung besonders gut geeignet zu sein. Denken Sie nur an die Dynamik, die der Protest der Schülerinnen, Schüler und Studierenden in die gesellschaftliche Debatte gebracht hat – und für die Sie heute vor der Leopoldina ein weiteres Beispiel miterleben. Ich finde diese friedliche Mobilisierung in einer zunehmend verrohenden Gesellschaft gut, auch wenn ich mir als Wissenschaftler selbstverständlich immer vorbehalten muss, nach eingehender Prüfung einzelne Forderungen der Protestbewegung nicht zu unterstützen. So bin ich der Forderung gegenüber skeptisch, die Klimaerwärmung noch auf 1,5 °C begrenzen zu sollen, wenn wir gleichzeitig das Ziel verfolgen, für eine saubere Atemluft den Eintrag gesundheitsschädlicher Stoffe in die Atmosphäre zu reduzieren. Denn diese Schadstoffe kühlen momentan die globale Temperatur um etwa 0,35 °C ab, so dass wir bei einer gegenwärtigen Erwärmung um 1 °C und einer zunehmend saubereren Luft bei einem Ziel von 1,5 °C praktisch sofort einen vollständigen Stopp aller CO_2-Emissionen erreichen müssten – was unrealistisch und daher irreführend ist.

Was ich aber erwarte und unterstütze, ist, dass die Dynamik der öffentlichen Debatte sich nicht abschwächt. Ganz im Gegenteil: In den Dialog zwischen Wissenschaft, Politik und Öffentlichkeit werden vollkommen neue Erwartungen gesetzt, was Intensität, Geschwindigkeit und Verlässlichkeit betrifft. Das ist auch nötig, wenn wir das noch – und ich unterstreiche: noch – realistische Ziel der Begrenzung der globalen Erwärmung auf unter 2 °C erreichen wollen. Senken wir die derzeitigen Emissionen nicht deutlich ab, werden wir die 2 °C-Marke in etwa 15 Jahren endgültig überschreiten, da die atmosphärische CO_2-Konzentration dann bei 450 ppm liegen wird.

Diese CO_2-Konzentration gab es das letzte Mal vor 3 Millionen Jahren, in der Pliozänen Warmzeit, einem meiner Forschungsschwerpunkte. Die Nordhemisphäre inklusive Grönland war damals eisfrei, der Eisschild der Antarktis reduziert und der Meeresspiegel um etwa 20 Meter höher als heute. Die Klimazonen waren verschoben mit enormen Auswirkungen vor allem auf den Niederschlag in der monsunalen Welt der Tropen und Subtropen. Solche Veränderungen geschehen nicht von heute auf morgen, wenngleich wir auch kurzfristig, ja heute schon die Folgen des Klimawandels deutlich spüren.

Aber auch hier bin ich nach wie vor zuversichtlich: Die Wissenschaft hat ihr Potenzial noch längst nicht ausgereizt. Wir haben schon die deutsche EU-Ratspräsidentschaft in der zweiten Hälfte des Jahres fest im Blick, um die Expertise der Leopoldina und der im Projekt „Energiesysteme der Zukunft“ eng zusammenarbeitenden deutschen Wissenschaftsakademien rechtzeitig und pointiert in die nationale und europäische Diskussion einzubringen, mit einer Stellungnahme zur ‚Energiewende 2030‘.

Lassen Sie mich an dieser Stelle ausdrücklich betonen: Die hohen methodischen und inhaltlichen Standards, die sich in den vergangenen Jahren für die unabhängige wissenschaftsbasierte Beratung durch die Leopoldina entwickelt und bewährt haben, müssen gerade in solchen Situationen, in denen wir gleichsam unter Hochdruck und unter genauer Beobachtung der Öffentlichkeit arbeiten, unbedingt bewahrt bleiben.

Wir werden auch niemals den Fehler machen, die Rolle der Leopoldina als wissenschaftliche Beraterin, die auf Grund der Forschungsleistungen und Vermittlungsqualitäten ihrer Mitglieder ein hohes Ansehen besitzt, mit der Rolle des demokratisch legitimierten Entscheidungsträgers zu verwechseln. Ebenso wenig werden wir der Illusion folgen, dass die Wissenschaft das gesellschaftliche Leben bis in kleine Details regeln kann oder will.

Die breite Unterstützung aus der Wissenschaft in Deutschland, Europa und weltweit für die Einführung eines möglichst global geltenden Preises für CO_2 ist ein Beispiel der evidenz-basierten Argumentation für einen Mechanismus, der intelligente Rahmenbedingungen für das eigenverantwortliche Handeln in Wirtschaft und Privatsphäre setzen will, ohne dem Einzelnen vorzuschreiben, wie er sein Leben zu führen hat. Die wissenschaftliche Gemeinschaft ist sich einig, dass ohne die Lenkungswirkung eines globalen Preises für CO_2 das Pariser 2 °C-Ziel nicht zu halten sein wird. Lassen Sie uns dafür weiter hier in Deutschland, aber auch in der globalen Politikberatung etwa für die G7- und die G20-Gipfel, arbeiten. Es ist jetzt die Zeit da, um mutig zu handeln, national – europäisch – global. Denn Klimaschutz ist vor allem Menschheitsschutz!

Wissenschaftsbasierte Beratung in einer freiheitlich-rechtsstaatlichen Demokratie achtet immer die großen Potenziale zur Autonomie und Selbstorganisation gesellschaftlicher Bereiche. Alles andere würde uns in einen Widerspruch mit uns selbst bringen: Denn auf diese Autonomie bestehen wir nachdrücklich, wenn es um die Wissenschaft und die für sie konstitutive Freiheit der Forschung und Lehre geht. Der immer weiter voranschreitenden Überregulierung unseres Wissenschaftssystems müssen wir deshalb gemeinsam entgegentreten, da sie die Wissenschaftsfreiheit zunehmend gefährdet – auch in Deutschland. Ich erlaube mir hier Adolf von Harnack zu zitieren: „Nichts kann den Menschen mehr stärken als das Vertrauen, das man ihm entgegenbringt.“

Die Regulierungswut verzögert auch notwendige gesamtgesellschaftliche Investitionen in von mir bereits angesprochenen Bereichen wie der Digitalisierung oder der Energiewende. Hierfür ist ein Umdenken in allen Institutionen nötig, deren Entscheidungen wissenschaftliche Neugier, wirtschaftliche Innovationskraft und gesellschaftliche Kreativität positiv wie negativ beeinflussen. Ich setze mich für eine auf Vertrauen basierende Kultur der Ermöglichung ein, die wir nicht nur in der Wissenschaft mehr denn je brauchen.

3. Abschließende Bemerkungen

Meine Damen und Herren,

wenn ich in den vergangenen Minuten optimistisch gestimmt einige Schlaglichter auf meine Absichten und Ideen für meine Präsidentschaft werfen konnte, so liegt das vor allem an Person und Wirken meines Vorgängers, des XXVI. Leopoldina-Präsidenten Jörg Hacker. Für eine angemessene Würdigung seiner Präsidentschaft werden wir uns gewiss bald an dieser Stelle wiedersehen. Heute möchte ich nur diejenige seiner Qualitäten nennen, die mir am meisten imponiert hat, seitdem ich ihn kenne.

Der erste Bundespräsident Theodor Heuss sprach einmal vom „Pathos der Nüchternheit“, das angemessen sei, wenn es um das Selbstverständnis einer modernen Demokratie gehe. Für mich verkörpert Jörg Hacker diese Nüchternheit. Durch seine rationale, konsensorientierte, verbindliche und immer freundliche Art vermag er es, unterschiedliche Interessen an einem Tisch zu versammeln und sie dazu zu bringen, ihre jeweilige Position im Sinne der Orientierung am Gemeinwohl zu überdenken. Lieber Jörg, hierfür danke ich Dir sehr herzlich, und ich zähle auf Deinen Rat!

Erlauben Sie mir zum Abschluss einen Vergleich, der es mir in den letzten Wochen erleichtert hat, mir meine zukünftige Rolle als Präsident der Leopoldina zu veranschaulichen – und auch zum musikalischen Finale dieser Feier überleitet. Jeder, der schon einmal das Silvester- oder Neujahrskonzert eines herausragenden Symphonieorchesters miterlebt hat, wird nachvollziehen können, was ich meine. Solche Konzerte zeigen, wie wunderbar höchste musikalische Fähigkeit und begeisternde Hinwendung zum Publikum zusammenpassen. Das sollte analog in der Wissenschaft auch so sein. Darüber hinaus führt uns die faszinierende Symbiose von Dirigent und Orchester vor, welche Kreativität möglich ist, wenn exzellente und unverwechselbare Einzelpersönlichkeiten zu einem Zusammenklang finden, für den der Dirigent ein wichtiger Impulsgeber und Mitgestalter ist, den er aber niemals alleine selbst erzeugen könnte. Das ist, meine ich, auch für eine wissenschaftliche Akademie und ihren Präsidenten ein erstrebenswertes Ideal.

Meine Damen und Herren,

genug der Worte – freuen Sie sich jetzt auf unser musikalisches Finale, und haben Sie herzlichen Dank für Ihre Aufmerksamkeit!

Den musikalischen Rahmen der Festlichen Übergabe des Präsidentenamtes der Leopoldina lieferte das 2017 gegründete Blechbläserensemble *Skypia Brass* aus Halle (Saale), das zur Eröffnung der Veranstaltung das *Rondeau* von Jean Joseph Mouret intonierte und das Finale mit *Take Five* von Paul Desmont gestaltete.

Ausklang der Festlichen Übergabe des Präsidentenamtes vom XXVI. Präsidenten Jörg Hacker an den XXVII. Präsidenten Gerald Haug am 20. Februar 2020 im Festsaal der Akademie auf dem Jägerberg 1 in Halle (Saale).